BEI GRIN MACHT SICH IHR WISSEN BEZAHLT

- Wir veröffentlichen Ihre Hausarbeit,
  Bachelor- und Masterarbeit

- Ihr eigenes eBook und Buch -
  weltweit in allen wichtigen Shops

- Verdienen Sie an jedem Verkauf

Jetzt bei www.GRIN.com hochladen und kostenlos publizieren

Bibliografische Information der Deutschen Nationalbibliothek:

Die Deutsche Bibliothek verzeichnet diese Publikation in der Deutschen National-bibliografie; detaillierte bibliografische Daten sind im Internet über http://dnb.d-nb.de/ abrufbar.

Dieses Werk sowie alle darin enthaltenen einzelnen Beiträge und Abbildungen sind urheberrechtlich geschützt. Jede Verwertung, die nicht ausdrücklich vom Urheberrechtsschutz zugelassen ist, bedarf der vorherigen Zustimmung des Verla-ges. Das gilt insbesondere für Vervielfältigungen, Bearbeitungen, Übersetzungen, Mikroverfilmungen, Auswertungen durch Datenbanken und für die Einspeicherung und Verarbeitung in elektronische Systeme. Alle Rechte, auch die des auszugsweisen Nachdrucks, der fotomechanischen Wiedergabe (einschließlich Mikrokopie) sowie der Auswertung durch Datenbanken oder ähnliche Einrichtungen, vorbehalten.

Impressum:

Copyright © 2012 GRIN Verlag
Druck und Bindung: Books on Demand GmbH, Norderstedt Germany
ISBN: 9783346103895

Dieses Buch bei GRIN:

https://www.grin.com/document/512992

Jens Porst

Eine mathematische Modellierung des Brettspiels Risiko

Wie können günstige Spielstrategien gefunden werden?

GRIN Verlag

GRIN - Your knowledge has value

Der GRIN Verlag publiziert seit 1998 wissenschaftliche Arbeiten von Studenten, Hochschullehrern und anderen Akademikern als eBook und gedrucktes Buch. Die Verlagswebsite www.grin.com ist die ideale Plattform zur Veröffentlichung von Hausarbeiten, Abschlussarbeiten, wissenschaftlichen Aufsätzen, Dissertationen und Fachbüchern.

Besuchen Sie uns im Internet:

http://www.grin.com/

http://www.facebook.com/grincom

http://www.twitter.com/grin_com

Risiko

Abschlussarbeit

Jens Porst

24.08.2012

Analyse und Aufarbeitung des Brettspiels „Risiko". Es wird der Versuch unternommen eine geeignete Spielstrategie zu geben.

1 Einführung

„Risiko" ist seit Jahrzehnten ein Klassiker unter den Brettspielen. Es wurde von dem Filmregisseur Albert Lamorisse erfunden und ist bereits 1955 erstmals erschienen. Im Laufe der Zeit haben sich zahlreiche unterschiedliche Spielvarianten entwickelt, bei denen jedoch stets das Prinzip, so viele Länder wie möglich zu erobern, erhalten bleibt. „Risiko" wurde immer wieder wegen seiner kriegerisch-militärischen Ausrichtung kritisiert, was dazu führte, dass bestimmte Begrifflichkeiten verändert wurden. Beispielsweise werden in der heutigen Spielvariante Länder nicht mehr „erobert" sondern „befreit".

Wie bei zahlreichen anderen Spielen, treffen die Spieler auch bei Risiko viele Entscheidungen nach Gefühl, ohne zu wissen, ob die Entscheidung richtig ist oder vielleicht ein anderer Spielzug geschickter wäre. Im Rahmen des Seminars „Modellierung" wurden Fragen dieser Art auf den Grund gegangen. Zunächst wurden die wesentlichen Elemente und Spielzüge mathematisch abgebildet um anschließend auf dieser Basis Handlungsempfehlungen für bestimmte Spielsituationen geben zu können. Die vorliegende Arbeit fasst die Ansätze und Ergebnisse der mathematischen Betrachtung von „Risiko" zusammen.

2 Spielprinzip und zentrale Spielregeln

Das Spiel besteht aus einem Spielfeld, Armee-Figuren in sechs verschiedenen Farben, 42 Länderkarten, fünf Würfeln und einem Stapel Auftragskarten. Das Spielfeld zeigt eine Weltkarte und ist in 42, teils fiktive, Länder unterteilt, welche wiederum zu sechs Kontinenten gruppiert sind. Es können zwei bis sechs Spieler teilnehmen. Vor Beginn müssen sich die Mitspieler einigen, ob jeder das Ziel verfolgt die ganze Welt zu befreien oder jeder eine gezogene Auftragskarte erfüllt (z.B. Befreie die Kontinente Asien und Australien). Nun werden die 42 Länderkarten an die Mitspieler verteilt, die dann auf jedes erhaltene Land eine Armee setzen. Nach der Verteilung beginnt das eigentliche Spiel, bei dem die Spieler reihum immer einen dreigliedrigen Spielzug durchführen:

a)   Erhalten zusätzlicher Armeen

Zu Beginn jedes Spielzugs erhält der jeweilige Spieler zusätzliche Armeen. Die Anzahl richtet sich nach der Anzahl der Länder die sich in seinem Besitz befinden und berechnet sich wie folgt:

$$\#zusätzlicheEinheiten = \max\left\{3;\left\lfloor\frac{\#besetzteLänder}{3}\right\rfloor\right\}$$

Weitere Einheiten erhalten Spieler, die einen gesamten Kontinent besitzen. Die genaue Anzahl variiert je nach Größe des Kontinents und ist auf dem Spielfeld vermerkt. Die erhaltenen Armeen können beliebig auf die eigenen Länder verteilt werden.

b)   Befreien von Ländern

Das Befreien von Ländern durch einen Angriff ist das wichtigste Element des Spiels und wird im Folgenden eingehend erläutert.

c)   Umstellung von Armeen

Am Ende des Spielzuges hat der Spieler noch die Möglichkeit Armeen umzugruppieren. Dabei dürfen aber nur Armeen, die am aktuellen Angriff nicht beteiligt waren, in ein benachbartes Land, das dem Spieler auch gehört, verschoben werden.

Die Reihenfolge ist zwingend einzuhalten, die Aktionen b) und c) müssen allerdings nicht durchgeführt werden. Wie im weiteren Verlauf noch herausgestellt wird, können insbesondere taktische Erwägungen für den Verzicht auf einen Angriff in bestimmten Spielsituationen sprechen.

3 Der Angriff

3.1 Ablauf

Es kann stets nur ein benachbartes Land angegriffen werden, bzw. über die Ozeane entlang der eingezeichneten Linien. Hat der Angreifer n Armeen in einem Land, kann er mit maximal n-1 Armeen angreifen, da immer eine Armee zum Sichern im Angriffsland verbleiben muss. Wir sprechen hier von n-1 „echten" Angreifern. In einem normalen Angriffszug greift der Angreifer mit drei Armeen an und der Verteidiger verteidigt mit zwei Armeen. In diesem Fall würfelt der Angreifer mit drei Würfeln und der Verteidiger mit zwei. Nach dem Wurf werden die Ergebnisse von Angreifer und Verteidiger jeweils der Größe nach sortiert. Anschließend werden der höchste und der zweithöchste Wurf beider verglichen. Bei höherer Augenzahl des Angreifers verliert der Verteidiger eine Armee, bei geringerer Augenzahl oder Gleichstand der Angreifer. Besitzt der Angreifer weniger als drei echte Angreifer, bzw. der Verteidiger weniger als zwei Verteidiger, wird die Würfelzahl des jeweiligen Spielers auf die Anzahl der verbliebenen Einheiten reduziert. Die Angriffshandlung wiederholt sich so lange, bis der Angreifer den Angriff abbricht, der Verteidiger keine Einheiten mehr besitzt oder der Angreifer nur noch eine Einheit, also null echte Angreifer, besitzt. Im ersten und letzten Fall ändert sich nichts an der Länderverteilung, im Fall des Sieges des Angreifers muss dieser mit den verbliebenen Angriffseinheiten in das befreite Land einmarschieren und kann, sofern er nicht mit allen Einheiten angegriffen hat, weitere aus dem angreifenden Land nachziehen. Das nachfolgende Beispiel verdeutlicht das Angriffsprinzip.

Bsp.: Der Angreifer A hat fünf Einheiten auf Südafrika, der Verteidiger V drei Einheiten auf Madagaskar. A greift mit allen vier „echten" Angreifern an. Demnach würfelt A mit drei Würfeln und V mit zwei.

	Angreifer	Verteidiger
grundsätzlich gilt	Wurf (x,y,z) mit x≥y≥z	Wurf (v,w) mit v≥w
#Einheiten vor Angriff	5	3
#Angreifer/Verteidiger	4	3
1. Wurf	(6,3,1)	(5,3)
Vergleich	(i) 6>5 und (ii) 3=3	
Folge	Verlust einer Einheit aus (ii)	Verlust einer Einheit aus (i)
#Einheiten nach 1. Wurf	4	2
#Angreifer/Verteidiger	3	2
2. Wurf	(4,2,2)	(3,1)
Vergleich	(i) 4>3 und (ii) 3>1	
Folge	-	Verlust von zwei Einheiten aus (i) und (ii)
# Einheiten nach Angriff	4	0
Ergebnis des Angriffs	zieht mit drei Einheiten in Madagaskar ein und kann von dort aus weiteres Land befreien	hat Madagaskar verloren

3.2   Mathematische Betrachtung

3.2.1   Einstieg in die mathematische Betrachtung

Wie wahrscheinlich ist es einen Angriff zu gewinnen? Mit wie vielen Einheiten sollte ich Angreifen? Ist der Angreifer oder der Verteidiger im Vorteil? Diese Fragen stellen sich unter anderen, wenn man sich Gedanken über sinnvolle Spielstrategien macht. Die mathematischen Grundlagen für die Beantwortung derartiger Fragen sollen in diesem Abschnitt erläutert werden.

Da der Angriff grundsätzlich vom Würfeln bestimmt ist, ist der zugrundeliegende Wahrscheinlichkeitsbegriff die Laplace-Wahrscheinlichkeit. Die Wahrscheinlichkeit eines Ereignisses A berechnet sich danach wie folgt:

$$P_{Laplace}(A) = \frac{\#\ Ergbnissebeidenendas Ereignis A eintritt}{\#\ Anzahlallerm\ddot{o}glichen Ergebnisse}$$

Die Frage, wie wahrscheinlich es ist mit zwei/drei Würfeln eine 6 zu werfen dient der beispielhaften Veranschaulichung.

a)   Wie wahrscheinlich ist es mit zwei Würfeln (mindestens) eine 6 zu werfen?

Die Wurfergebnisse (6;1), (6;2), (6;3), (6;4) und (6;5) müssen doppelt gezählt werden, da auch die umgekehrte Reihenfolge zum gewünschten Ergebnis führt, das Ergebnis (6,6) zählt einfach. Es ergeben sich also $5 \cdot 2 + 1 = 11$ günstige Wurfergebnisse. Insgesamt kann man mit zwei Würfeln $6^2 = 36$ unterschiedliche Wurfergebnisse erhalten.

$$P(eine\ 6\ beizwei W\ddot{u}rfeln) = \frac{11}{36} \approx 30{,}56\%$$

b)   Wie wahrscheinlich ist es mit drei Würfeln (mindestens) eine 6 zu werfen?

Hier bedarf es schon einer gewissen Systematisierung, um alle günstigen Ergebnisse zu erfassen. Zudem müssen auch hier wieder Vertauschungen in der Zählung berücksichtigt werden.

- Tripel mit drei unterschiedlichen Zahlen zählen sechsfach ($3! = 6$)
- Tripel mit zwei unterschiedlichen Zahlen zählen dreifach($\frac{3!}{2! \cdot 1!} = 3$)
- Tripel mit drei gleichen Zahlen zählen einfach

Die nachstehende Tabelle gibt einen Überblick über die günstigen Wurfergebnisse und die entsprechende Gewichtung.

611	622	633	644	655	666
612	623	634	645	656	
613	624	635	646		x1
614	625	636			x3
615	626				x6
616				$\sum$ 91	

Abbildung 1: Wurfergebnisse mit mindestens einer 6

Insgesamt ergeben sich so 91 günstige bei $6^3=216$ möglichen Ergebnissen.

$$P(eine\ 6\ bei\ drei\ Würfeln) = \frac{91}{216} \approx 42,13\%$$

Entscheidend bei der Frage nach dem Gewinner beim ersten Vergleich eines Angriffs ist die Wahrscheinlichkeit einer bestimmten höchsten Zahl bei einem Wurf mit zwei oder drei Würfeln. Analog zum oben angeführten Beispiel zur Zahl 6, lässt sich die Berechnung auch für alle anderen höchsten Zahlen eines Wurfes durchführen.

3.2.2 Wahrscheinlichkeitsverteilung für das Ereignis: „Höchste Zahl bei ...Würfeln"

Fasst man die ersten Überlegungen des Ereignisses „Höchste Zahl" zusammen, ergibt sich grundsätzlich in beiden Fällen, sowohl beim Werfen von zwei als auch von drei Würfeln, eine Wahrscheinlichkeitsverteilung bei der mit steigender Augenzahl auch die Wahrscheinlichkeit zunimmt.

Wie bereits erwähnt resultiert diese Verteilung aus Laplace- Wahrscheinlichkeiten, einem Mittel aus der Kombinatorik. Hierbei sind mehrere grundlegende Voraussetzungen zu beachten. Bei einem derartigen Würfelspiel stellen zum Einen dieselben Wurfergebnisse keine unterscheidbaren Objekte dar. Zum Anderen wird an dieser Stelle eine geordnete Reihenfolge unterstellt, das besagt, die Reihenfolge der einzelnen Würfe wird beachtet, so sind beispielsweise die Ereignisse (1,2) und (2,1) zwei mögliche Ergebnisse für das Ereignis „Höchste Zahl ist die 2".

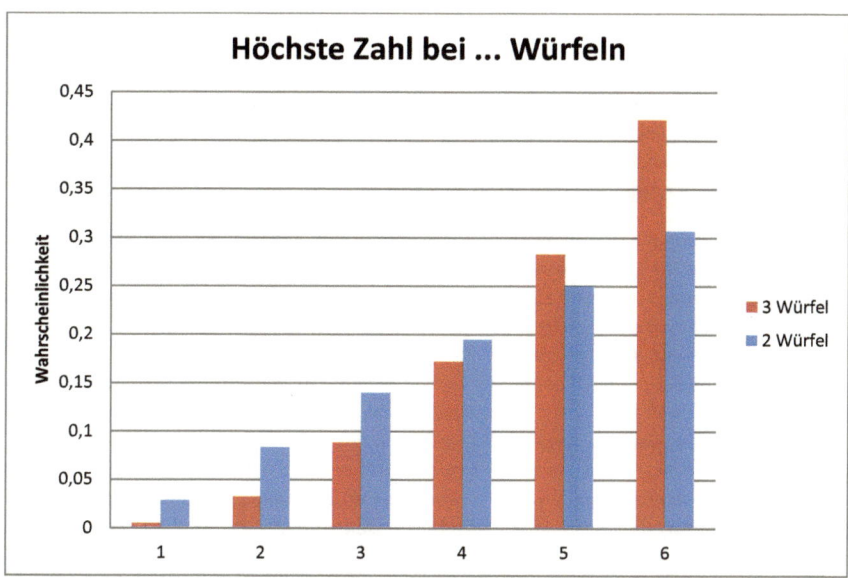

Abbildung 2: Verteilung "Höchste Zahl bei ... Würfeln"

Betrachtet man die in Abbildung 2 veranschaulichten Wahrscheinlichkeitsverteilungen für zwei und drei Würfel etwas genauer, lässt sich erkennen, dass bei den Augenzahlen 1 bis 4 die Wahrscheinlichkeit bei zwei Würfeln größer ist, sich dies aber für die Augenzahlen 5 und 6 umkehrt. Dieser Sachverhalt ist auf die höhere Anzahl an Kombinationsmöglichkeiten bei drei Würfeln zurückzuführen. Werden beispielsweise an dieser Stelle die Augenzahlen 2 und 6 zum Vergleich herangezogen, zeigt sich im Überblick, dass die Zahl 6 mit allen Zahlen, die Zahl 2 nur mit zwei Zahlen, nämlich mit 2 und 1, kombiniert werden kann, um jeweils die geforderte Zahl als höchste auftretende Zahl zu erhalten. Zudem muss noch hinzugefügt werden, dass aufgrund der Tatsache, dass die Reihenfolge beachtet wird, die Anzahl der Vertauschungen bei drei Würfeln viel größer ist. Somit ergibt sich beim Werfen von drei Würfeln eine Wahrscheinlichkeit von ungefähr 42,1% eine Sechs als höchste Zahl zu erhalten. Vergleichsweise liegt die Wahrscheinlichkeit bei zwei Würfeln eine Sechs zu würfeln nur bei 30,5%.

Zusammengefasst zeigt sich an dieser Stelle schon, dass ein Angreifer mit drei Würfeln gegenüber einem Verteidiger, der nur höchstens zwei Würfel zur Verfügung hat, mit einer größeren Wahrscheinlichkeit eine hohe Augenzahl würfeln wird und man ihm somit eine Vorteil einräumen kann.

3.2.3   Wahrscheinlichkeitsverteilung für das Ereignis „Zweithöchste Zahl bei ... Würfeln"

Der Angreifer im Spiel Risiko hat bei Betrachtung des Normalfalls bei seinem Angriff aber sogar immer die Möglichkeit zwei Armeen des Gegners gleichzeitig bei einem Wurf zu besiegen. Er würfelt also an dieser Stelle mit drei Würfeln und greift sozusagen mit den beiden höchsten geworfenen Augenzahlen an. Um nun seine Chancen bei diesem Angriffsspiel zu verdeutlichen, soll im Folgenden zunächst näher auf die Wahrscheinlichkeitsverteilung des Ereignisses „Zweithöchste Zahl bei... Würfeln" eingegangen werden.

Um diese Verteilung genauer erklären zu können, müssen weitere Überlegungen zu den bereits angesprochenen Möglichkeiten der Vertauschung, vor allem bei der Verwendung von drei Würfeln, angesprochen werden. Da die Reihenfolge der Wurfergebnisse beim Würfelspiel des Risikos beachtet wird, können zwei hier auftretende Fälle unterschieden werden.

Ausgangssituation bei der ersten Variante sind drei verschieden Augenzahlen beim Wurf. Nun soll nach allen Möglichkeiten gesucht werden diese drei Zahlen anzuordnen. Dies erfolgt nach dem Prinzip der Permutation, was bedeutet, dass die Anordnung einer Menge durch Vertauschung ihrer unterschiedlichen Elemente verändert wird. So können auf der ersten Position alle drei Zahlen auftreten, für die zweite Position bleiben nur noch die zwei zu diesem Zeitpunkt noch nicht aufgetretenen Zahlen übrig und auf der dritten und letzten Position dementsprechend nur noch eine Zahl. Es ergeben sich somit $3 \cdot 2 \cdot 1 = 3! = 6$ Möglichkeiten der Anordnung. Anhand eines Beispiels kann dies anschaulich gezeigt werden. Angenommen es sollen die Wahrscheinlichkeit des Ereignisses A: „Es werden bei einem Angriff die Zahlen 6,3,1 geworfen" bestimmt werden. Zunächst einmal stellt sich die Frage, wie viele Kombinationsmöglichkeiten sind hierfür möglich? Auch durch Abzählen oder mithilfe eines Baumdiagrammes erhält man die Möglichkeiten (6,3,1) (6,1,3) (3,6,1) (3,1,6) (1,6,3) und (1,3,6), also insgesamt 6 mögliche Ergebnisse. Betrachtet man hierzu die Wahrscheinlichkeit des Ereignisses, so ergibt sich entweder nach Laplace $P(A) = \frac{6}{216}$ oder auf anderem Rechenweg $P(A) = \frac{1}{6} \cdot \frac{1}{6} \cdot \frac{1}{6} \cdot 3! = \frac{6}{216}$ indem man die Wahrscheinlichkeit für genau eine Zahl an der jeweiligen Stelle betrachtet und permutiert.

Bei der zweiten Variante, die auftreten kann und zu beachten ist, werden bei einem Wurf mit drei Würfel nur zwei verschieden Augenzahlen geworfen, sprich eine Zahl wird nun doppelt gewürfelt. Die hier zu erhaltenden Kombinationsmöglichkeiten sollen wiederum anhand eines Beispiels verdeutlicht werden, bei dem die Wahrscheinlichkeit für ein Ereignis B: „Es werden bei einem Angriff die Zahlen 5,5,1 geworfen" bestimmt werden soll. Als mögliche Ergebnisse können die Kombinationen (5,5,1) (5,1,5) und (1,5,5) auftreten. In diesem Fall lassen sich die drei Möglichkeiten dadurch erklären, dass bei der Permutation die Wiederholung der Zahl 5 beachtet werden muss. Veranschaulicht bedeutet das, es sind nur zwei Elemente vorhanden, die an dieser Stelle vertauscht werden müssen. Die Vertauschungen der Zahl 5 untereinander führen zu keinen neuen Ergebnismöglichkeiten. Die 3! Möglichkeiten, die sich bei drei verschiedenen Zahlen ergeben, müssen demnach um 2! Vertauschungen verringert werden, sodass man zu $\frac{3!}{2!} = 3$ Möglichkeiten im Ergebnis kommt. Die Wahrscheinlichkeit für das Ereignis B liegt somit bei $P(B) = \frac{1}{6} \cdot \frac{1}{6} \cdot \frac{1}{6} \cdot \frac{3!}{2!} = \frac{3}{216}$.

Mithilfe dieses Wissens können nun die Wahrscheinlichkeitsverteilungen erklärt werden, wobei im Folgenden P(X=x_i) für die Wahrscheinlichkeit der Zahl x_i=1...6 als zweithöchste Zahl steht.

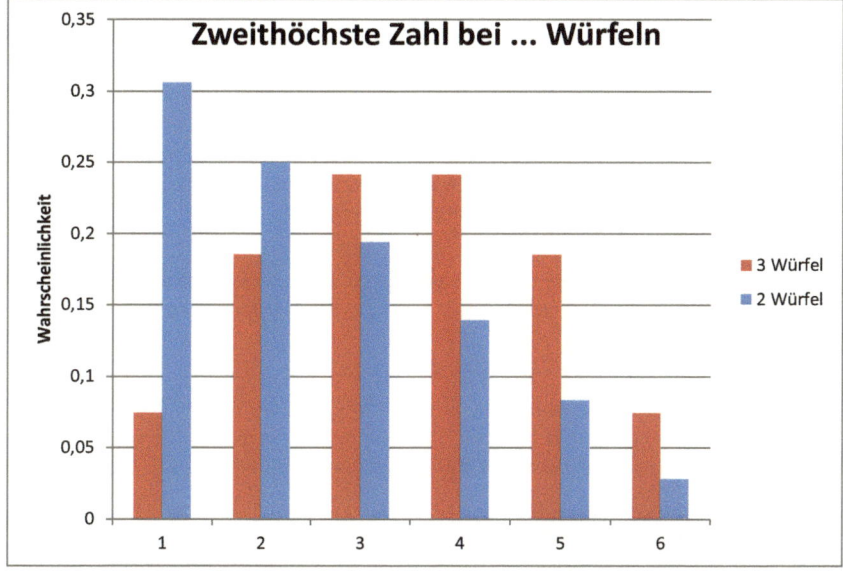

Abbildung 3: Verteilung "Zweithöchste Zahl bei ... Würfeln"

Zunächst zeigt sich, dass bei zwei Würfeln die Wahrscheinlichkeit mit zunehmender Augenzahl abnimmt. Die Begründung kann wiederum mithilfe eines Beispiels aufgezeigt wergen. Während sich für P(X=6) ≈3% aufgrund eines möglichen Ergebnisses, nämlich (6,6) ergibt, resultiert P(X=1) ≈ 33% aus 12 möglichen Ereignissen, da die Zahl 1 bei den Zahlen von 1 bis 6 zweithöchste Zahl sein kann. Betrachtet man die Verteilung beim Wurf mit drei Würfeln, zeigt sich eine Normalverteilung, dabei gilt das Folgende für die Wahrscheinlichkeiten: P(X=1)=P(X=6), P(X=2)=P(X=5) und P(X=3)=P(X=4). Daher genügt es zur Erklärung einzelne Fälle herauszugreifen. Seien die drei Würfel nebeneinander, nach ihrer Größe geordnet, mit dem Größten beginnend aufgereiht, so ergibt sich für P(X=1) nachstehendes Bild x1x. Die 1 ist somit fest auf der zweiten Position. Für die erste Position ergeben sich sechs Möglichkeiten, für die dritte Position nur eine, nämlich die Zahl 1. Da dahingehend die Variante einer Permutation mit Wiederholungen vorliegt, gibt es 6·3=18 Möglichkeiten und daraus resultierend eine Wahrscheinlichkeit von $\frac{18}{216}$ ≈8,3%. Analog dazu sind die Überlegungen für P(X=6). Etwas aufwendiger zu erklären ist jedoch P(X=3). Setzt man hier entsprechend die Zahl 3 auf die zweite Position, ergeben sich für die erste Position drei Möglichkeiten und für die dritte Position nur zwei, was zusammengerechnet mit den Permutationen bereits 6·3! = 36 Möglichkeiten ergibt. Vergessen darf man an dieser Stelle aber auch nicht, dass sowohl zweimal als auch dreimal die Augenzahl 3 gewürfelt werden kann. Somit kommen zudem 5·3+1= 16 mögliche Ergebnisse hinzu. In der Summe sind dies 52 Möglichkeiten, was einer Wahrscheinlichkeit von $\frac{52}{216}$ ≈24% entspricht. Wiederum erhält man das gleiche Ergebnis für P(X=4).

3.2.4 Wahrscheinlichkeitsverteilung für das Ereignis „Höchste und zweithöchste Zahl bei... Würfeln"

Um nun Schritt für Schritt zu einer Handlungsempfehlung für den Angreifer bei seinem Spielzug zu kommen, müssen die beiden Wahrscheinlichkeitsverteilungen für die höchste und zweithöchste Zahl noch zusammengenommen werden. Man errechnet P(X,Y) mit X höchste und Y zweithöchste Zahl. Anhand zweier Formeln lassen sich die Wahrscheinlichkeiten für alle Kombinationsmöglichkeiten berechnen. Die erste Formel wird verwendet, wenn die beiden höchsten gewürfelten Zahlen verschieden sind. So sei (X,Y,Z) ein Zahlentripel mit X>Y und Y≥Z. Ausgehend von bereits angeführten Beispielrechnungen ergibt sich allgemein die Wahrscheinlichkeit

$$\left(\tfrac{1}{6}\right)^2 \cdot \tfrac{y-1}{6} \cdot 3! + \left(\tfrac{1}{6}\right)^3 \cdot \tfrac{3!}{2!}$$

Sind die beiden höchsten gewürfelten Zahlen gleich groß, greift man auf folgende Formel zur Wahrscheinlichkeitsberechnung zurück. Wiederum sei (X,Y,Z) ein Zahlentripel mit X>Y und Y≥Z, so erhält man eine Wahrscheinlichkeit

$$\left(\tfrac{1}{6}\right)^2 \cdot \tfrac{y-1}{6} \cdot \tfrac{3!}{2!} + \left(\tfrac{1}{6}\right)^3$$

Wertet man die Wahrscheinlichkeitsverteilung für die höchste und zweithöchste Zahl bei zwei und drei Würfeln mithilfe der angegeben Formeln für alle möglichen Wurfkombinationen aus, erhält man wiederum ein Säulendiagramm und kann folgende Schlussfolgerungen ziehen.

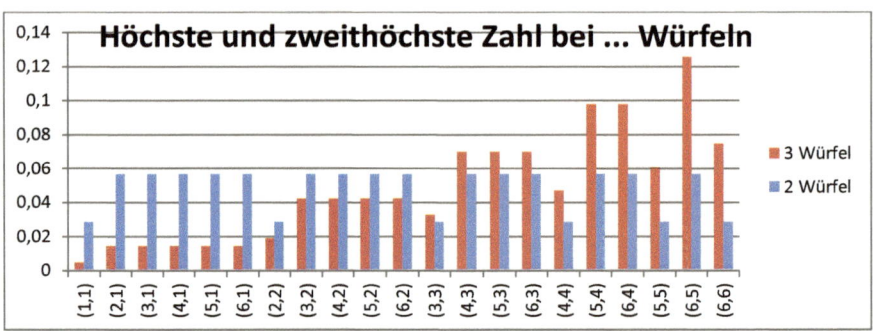

Abbildung 4: Verteilung "Höchste und zweithöchste Zahl bei ... Würfeln"

Wird mit zwei Würfeln geworfen, sind bis auf einen Pasch, alle Wurfalternativen gleich wahrscheinlich. Denn mit $\tfrac{2}{36} \approx 5{,}5\%$ wird eine Kombination aus unterschiedlichen Zahlen erhalten. Einen Pasch dagegen würfelt man nur mit einer Wahrscheinlichkeit von $\tfrac{1}{36} \approx 2{,}7\%$

Können jedoch drei Würfel beim Angriff eingesetzt werden, ist es wahrscheinlicher, dass zwei höhere Augenzahlen auftreten. Die Pasch-Wahrscheinlichkeiten nehmen hier mit steigender Augenzahl zu. Ebenso zeigt sich ein stufenweiser Anstieg, wenn man beachtet, dass die betrachteten und relevanten Wurfergebnisse aus drei Würfeln so angeordnet sind, dass zunächst bei konstanter zweithöchster Zahl die Augenzahl der höchsten Zahl zunimmt, bevor die nächstgrößere zweithöchste Zahl nach demselben Schema im Diagramm angeordnet ist. Hierbei sind mehrere Kombinationen, die gleichwahrscheinlich sind, zu erkennen; so beispielsweise (5,4) und (6,4). Am wahrscheinlichsten ist es, mit drei Würfeln eine Variante zu würfeln, die die Zahlen 6 und 5 als höchste und zweithöchste Zahl beinhalten. Diese Wahrscheinlichkeit liegt bei ≈12,5% und wird errechnet durch den Term

$P(6,5)= \left(\frac{1}{6}\right)^2 \cdot \frac{4}{6} \cdot 3! + \left(\frac{1}{6}\right)^3 \cdot 3$. Der Angreifer hat somit beim Würfeln mit drei Würfeln schon alleine dadurch einen Vorteil erlangt, weil $P(6,5)$ mehr als doppelt so groß ist, als die Wahrscheinlichkeit bei nur zwei Würfeln. Vor allem aber auch, da diese Kombination eine der besten Ausgangslagen beim Angriff darstellt.

3.2.5 Chancenverteilung beim Angriff

Wie bereits im Abschnitt zuvor erörtert, wird dem Angreifer, durch die Möglichkeit einen Würfel mehr im Vergleich zum Verteidiger zu verwenden, eine bessere Ausgangslage zuteil. Dies könnte aber dadurch relativiert werden, da beim direkten Vergleich ihrer Würfelergebnisse der jeweils höchsten und zweithöchsten Zahl bei einem Unentschieden der Sieg dem Verteidiger zugesprochen wird. Mit der Kenntnis dieser Regel, kann man nun durch aufsummieren aller dafür möglichen Varianten den Ausgang des Spielzuges vorhersagen. Ausgangspunkt ist wie bereits erwähnt ein Angreifer, der mit drei Armeen gegen einen Verteidiger mit zwei Armeen kämpft. Der Spielzug kann also damit enden, dass der Angreifer zwei Armeen verliert. Dies ist der Fall mit einer Wahrscheinlichkeit von $\approx 29{,}26\%$, was sich mithilfe der folgenden Formel berechnen lässt.

$$\sum_{\substack{x=1 \\ y=1 \\ x \geq y}}^{6} P_A(x,y,z) \cdot P_V(\geq x, \geq y)$$

Wobei P_A für die jeweilige Wahrscheinlichkeit des Wurfergebnisses des Angreifers steht, P_V entsprechend für die des Verteidigers.
Allerdings könnte auch der Verteidiger zwei Armeen einbüßen müssen.

$$\sum_{\substack{x=1 \\ y=1 \\ x \geq y}}^{6} P_A(x,y,z) \cdot P_V(< x, < y)$$

Dies ergibt eine Wahrscheinlichkeit von $\approx 37{,}17\%$. Man stellt somit fest, dass die Wahrscheinlichkeit als Angreifer zu gewinnen, noch immer etwas höher liegt, als die Wahrscheinlichkeit gegen den Verteidiger zu verlieren.
Schlussendlich kann ein Spielzug auch unentschieden enden, so würden sowohl der Angreifer als auch der Verteidiger jeweils eine Armee verlieren. Hier liegt die Wahrscheinlichkeit bei $\approx 33{,}58\%$

$$\sum_{\substack{x=1 \\ y=1 \\ x \geq y}}^{6} P_A(x,y,z) \cdot P_V(\geq x, < y) + P_A(x,y,z) \cdot P_V(< x, \geq y)$$

3.2.6 Wahrscheinlichkeitsverteilung nach mehreren Angriffen im Modus 3v2

Die Wahrscheinlichkeit für einen „Standardangriff" - das 3v2- ist jetzt also berechnet. Man sieht, dass die drei Möglichkeiten kaum Unterschiede in der Häufigkeit aufweisen. Somit ist eine Vorhersage nahezu unmöglich. Interessanter für die Praxis ist dann folglich nicht nur ein Ergebnis, sondern die Entwicklung nach mehreren Würfen. Wie verhält sich die Verteilung für 2,3,4,...oder sogar n Angriffe? Für das Verhalten nach mehreren Angriffen ist es sinnvoll eine neue Schreibweise zu verwenden: P(Änderung der Armeestärke des Angreifers, Änderung der Armeestärke des Verteidigers) gibt die

Wahrscheinlichkeit an wie viele Armeen die beiden Seiten nach entsprechenden Angriffen verlieren. Die Anzahl der Angriffe wird immer über den Berechnungen stehen. Wie bereits festgestellt verhalten sich die Wahrscheinlichkeiten nach **einem** Angriff wie folgt:

P(„Angreifer -2")	=	P(-2,0) =	29,26%
P(„Verteidiger -2")	=	P(0,-2) =	37,17%
P(„-1 Verteidiger & -1 Angreifer")	=	P(-1,-1) =	33,58%

Diese Wahrscheinlichkeiten muss man als Basis für die weiteren Berechnungen heranziehen. Betrachtet man die Verteilung für zwei Angriffe so erkennt man, dass mehr Ergebnisse möglich sind und somit auch mehr Berechnungen durchgeführt werden müssen. Es können fünf verschiedene Ausgänge des Angriffs zustande kommen: Der Angreifer kann k Armeen verlieren, wobei k = 0,1,2,3,4 ist. Der Verteidiger verliert dementsprechend immer 4-k Armeen, da in jedem Kampf zwei Armeen verloren werden. Die Verteilung ergibt sich dann aus folgenden Rechnungen:

P(-4,0)	= P(-2,0)^2	= 0,2926^2	= 8,56%
P(-3,-1)	= P(-1,-1)*P(-2,0)*2	= 0,3358*0,2926	= 19,65%
P(-2,-2)	= P(-1,-1)^2+P(-2,0)*P(0,-2)*2	= 0,3358^2+0,2926*0,3717*2	= 33,02%
P(-1,-3)	= P(-1,-1)*P(0,-2)*2	= 0,3358*0,3717*2	= 24,96%
P(0,-4)	= P(0,-2)^2	= 0,3717^2	= 13,81%

Man sieht schon jetzt, dass die Berechnung für viele Angriffe sehr umständlich werden kann. So ergeben sich für n Angriffe 2n+1 Möglichkeiten wie das Ergebnis aussehen kann. Hierbei können wie bei dem Beispiel P(-2,-2) nach zwei Angriffen immer mehrere Kombinationen zu dem gleichen Ergebnis führen. Da es bei jedem Angriff 3 Möglichkeiten des Ausgangs gibt und diese n-mal durchgeführt werden, entstehen eigentlich 3^n Möglichkeiten, die dann durch Zusammenfassung der Permutationen die bereits erwähnten 2n+1 Ausgänge ergeben. Die Berechnung der Permutationen funktioniert im Allgemeinen so:

P(-1,-1)^{k1}*P(-2,0)^{k2}*P(0,-2)^{k3} => #Permutationen $= \frac{(k1+k2+k3)!}{k1!*k2!*k3!}$, mit k1+k2+k3= n = Anzahl der Angriffe

Führt man diese Berechnungen für größere n aus, beispielsweise n=10, so erhält man für die Praxis relevante, aussagekräftigere Verteilungen:

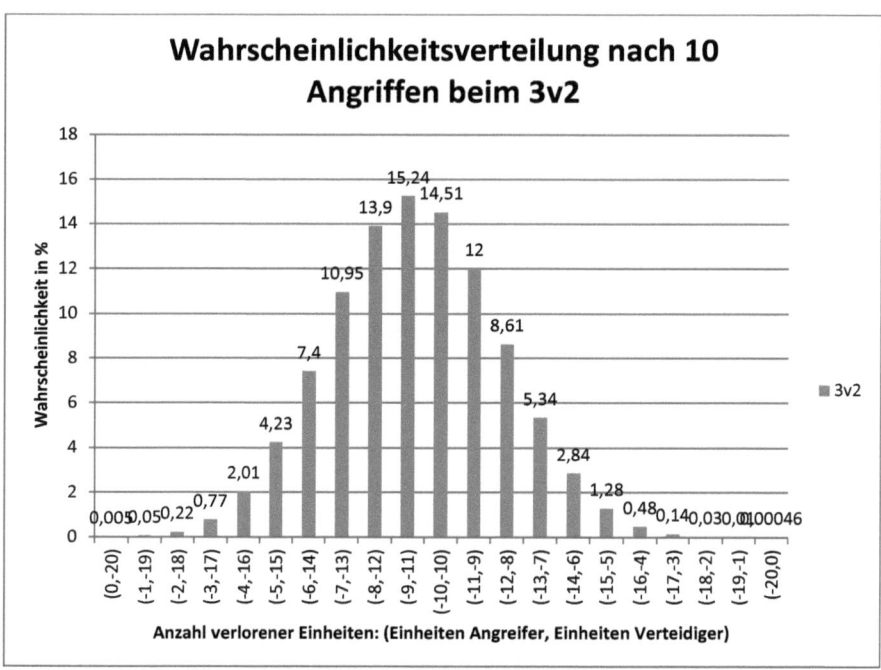

Abbildung 5: Wahrscheinlichkeitsverteilung nach 10 Angriffen beim 3v2

Die Kurve ist annähernd normalverteilt, wenn man beachtet, dass das wahrscheinlichste Ergebnis nicht etwa das ausgeglichene Ergebnis (-10,-10) ist, sondern knapp zu Gunsten des Angreifers ausfällt: (-9,-11). Die Kurve ist also leicht zum Vorteil des Angreifers verschoben. Das Wichtigste ist jedoch, was man aus dieser Grafik für die Spielpraxis herauslesen kann. Wann lohnt sich also ein Angriff? Natürlich heißt das Spiel nicht umsonst Risiko, allerdings sollte man versuchen die taktisch sinnvollsten Angriffe durchzuführen und die riskanten Spielzüge wenn möglich vermeiden. Die Siegeswahrscheinlichkeit für den Angreifer liegt bei gleich vielen Armeen bei etwa 50%. Allerdings ist hier die Wahrscheinlichkeit sehr hoch, dass er viele Armeen verliert. Die kleine Verschiebung zu Gunsten des Angreifers in der Verteilung wirkt sich nicht so stark aus, da der Angreifer ja immer eine Armee im eroberten Land zurücklassen muss, die nicht attackieren darf. Bei größeren Armeestärken steigt die Wahrscheinlichkeit des Angreifers auf einen Sieg, allerdings kann man bei spielrelevanten n davon ausgehen, dass diese Wahrscheinlichkeit nahe bei den 50% bleiben wird. Die Computersimulation im folgenden Kapitel wird dies noch einmal aufzeigen. Im Spiel ist es nicht sinnvoll nur 50% seiner Angriffe -und dann auch noch mit großen Verlusten- zu gewinnen, dieser Wert ist definitiv zu niedrig um am Ende als Sieger dazustehen. Man kann also die Empfehlung geben mit mehr als gleich vielen Angreifern zu attackieren, doch mit wie viel mehr? Ein Richtwert, den es anzustreben gilt, liegt bei doppelt so vielen Angreifern wie Verteidigern. Zwar werden auch hier noch unvermeidbare Verluste entstehen, doch die Wahrscheinlichkeit auf einen Sieg liegt bei über 90%. Vor allem für größere Truppen ist dies ein sinnvoller Richtwert. Die Tatsache, dass gleich viele Einheiten ungefähr 50% Siegwahrscheinlichkeit bedeuten, lassen auf ein sehr gut durchdachtes Spiel schließen und können als einer der Gründe für den großen Erfolg des Spieles gedeutet werden. Denn obwohl eine gewisse Komplexität durch eine unterschiedliche Anzahl an Würfeln gegeben ist, wird ein nahezu exakt ausgeglichenes Verfahren angewendet, was zu erhöhter Spannung und somit Spielspaß führt. Der Spielspaß über so viele Jahre hinweg lässt sich natürlich auch durch die Veränderungen des Angriffs zurückführen, die für mehr Abwechslung sorgen. Zwei dieser Varianten sollen im Folgenden noch dargestellt werden.

3.3 Weitere Angriffsvarianten

In diesem Abschnitt soll gezeigt werden, welche Unterschiede entstehen, wenn der Verteidiger entscheiden darf mit wie vielen Armeen er sein Land verteidigen will sowie die Version, dass der Verteidiger ebenfalls 3 Würfel zur Verfügung hat, wie es in einer älteren Ausgabe des Spiels der Fall war.

3.3.1 Mit Entscheidung des Verteidigers: ein oder zwei Verteidiger

Es gibt eine Spielvariante, die vor allem in den jüngeren Versionen des Spiels angewendet wird. Hierbei wartet der Verteidiger das Wurfergebnis des Angreifers ab und entscheidet dann mit wie vielen Verteidigern (=Anzahl der Würfel) er verteidigen will. Da das Maximum jedoch nach neueren Spielen nur bei zwei Verteidigern liegt und er auf jeden Fall mit mindestens einem Verteidiger den Angriff erwidern muss, liegt die Entscheidung also bei einem oder zwei Würfel.

Die Überlegung die man anstellen muss lautet, wann ist es taktisch am Sinnvollsten mit einem bzw. mit zwei Würfel zu verteidigen. Würde man bei einem guten Ergebnis des Gegenspielers mit zwei Würfeln verteidigen, so ist die Wahrscheinlichkeit hoch auch beide Armeen zu verlieren. Andererseits wenn der Angreifer einen schlechten Wurf hat, muss man versuchen ihm möglichst viele Armeen abzunehmen und deswegen auch mit beiden Würfeln werfen. Es ist also logisch bei einem „guten" Wurf des Angreifers versucht man Schadensbegrenzung zu betreiben und würfelt nur mit einem Würfel. Bei einem „schlechten" Wurf muss die Chance wahrgenommen und der Versuch unternommen werden dem Angreifer mit beiden Würfeln möglichst viele (=zwei) Armeen abzunehmen. Das Problem ist festzustellen was es mathematisch bedeutet, dass der Angreifer einen guten bzw. einen schlechten Wurf hat.

Der Ansatz dazu könnte zum Beispiel sein, dass die Wahrscheinlichkeit zwei Armeen zu verlieren nicht größer sein soll als die Wahrscheinlichkeit den Angreifer zwei Armeen abzunehmen:

$P(0,-2) \leq P(-2,0)$

Bei dieser Methode wäre das Unentschieden, also $P(-1,-1)$ zu vernachlässigen. Die mathematische Begründung für diese Idee steckt einfach in der Erstellung des Erwartungswertes aus der Sicht des Verteidigers. Geht man davon aus, dass der Erwartungswert nicht negativ sein darf, so kann man die folgende Gleichung auflösen und kommt dann schnell auf die oben aufgeführte Überlegung.

$E(X) \geq 0 \Leftrightarrow E(X) = P(0,-2) * (-2) + P(-1,-1) * 0 + P(-2,0) * 2 \geq 0 \Leftrightarrow P(0,-2) \leq P(-2,0)$

Stellt man nun für jedes mögliche Ergebnis die Wahrscheinlichkeitsverteilung (Abb. 10, Wahrscheinlichkeitsverteilung) auf, so sieht man für welche Würfe man welche Entscheidung treffen muss. Den Tabellen kann man entnehmen, dass nur für sechs Ereignisse $P(0,-2) > P(-2,0)$ gilt.

Für P(6,6,z) = 7,41%   gilt: P(0,-2) = 69,44% > 2,78% = P(-2,0)

Für P(6,5,z) = 12,50%   gilt: P(0,-2) = 66,67% > 8,33% = P(-2,0)

Für P(6,4,z) = 9,72%   gilt: P(0,-2) = 58,33% > 13,89% = P(-2,0)

Für P(6,3,z) = 6,94%   gilt: P(0,-2) = 44,44% > 19,44% = P(-2,0)

Für P(5,5,z) = 6,02%   gilt: P(0,-2) = 44,44% > 11,11% = P(-2,0)

Für P(5,4,z) = 9,72%   gilt: P(0,-2) = 41,67% > 22,22% = P(-2,0)

Bei allen anderen Ereignissen gilt P(0,-2) ≤ P(-2,0)

Allerdings muss man- wie in den ersten Kapiteln gezeigt- beachten, dass die Wahrscheinlichkeit für die Würfelergebnisse nicht gleichverteilt ist. So sieht man, die Summe der Wahrscheinlichkeiten dieser sechs Ereignisse beträgt 52,14%. Sollte sich diese Prozentzahl im Spiel widerspiegeln und davon ist vor allem bei vielen Angriffen auszugehen, dann sollte der Verteidiger bei etwas mehr als der Hälfte aller Würfe mit einem Würfel verteidigen. Man erwartet mit dieser Taktik eine Verbesserung der Gewinnchancen für den Verteidiger. Doch wie groß ist der Unterschied? Im Folgenden soll diese optimierte Strategie bewiesen und in Zahlen dargestellt werden. Betrachtet man die Verteilung, die sich aus der angepassten 3v2 bzw. 3v1 Entscheidung ergibt, fällt einem vor allem die Häufigkeit des (0,-1)-Ereignisses ins Auge:

P(-2,0) = 22,48%   P(-1,0) = 11,34%   P(-1,-1) = 17,00%   P(0,-1) = 40,97%   P(0,-2) = 8,20%

Dies kann man mit der Tatsache erklären, dass die Wahrscheinlichkeit für die Entscheidung als Verteidiger nur einen Würfel zu wählen bei über 50% liegt und man in diesem Fall sehr häufig verliert, weil die Entscheidung ja einen guten Wurf des Angreifers voraussetzt. Berechnet man aber den Erwartungswert aus der Sicht des Verteidigers, so sollte sich trotzdem ein höherer Wert ergeben als beim 3v2. Das Unentschieden, also das (-1,-1)-Ereignis, wurde hierbei wieder nicht berücksichtigt, weil es vor allem bei großen Armeen keine wesentliche Veränderung herbeiführt.

E(X=3v2) $= 2*P(-2,0)$ $+ (-2)*P(0,-2)$ $= 2*0,2926$ $+ 0,3717*(-2)$ $= \mathbf{-0,1582}$

E(X=3v2/1) $= 2*P(-2,0)$ $+ 1*P(-1,0)$ $+ (-1)*P(0,-1)$ $+ (-2)*P(0,-2)$

                  $= 2*0,2248$ $+ 0,1134$ $- 0,4097$ $- 2*0,082$ $= \mathbf{-0,0107}$

Zwar ist der Wert weiterhin negativ, was einen Vorteil für den Angreifer bedeutet, aber trotzdem ist er beim 3v2/3v1 deutlich höher, also näher bei 0. Allerdings muss man noch berücksichtigen, dass die Wahrscheinlichkeit als Verteidiger zwei Armeen zu verlieren gering ist. Dadurch werden hohe Niederlagen des Verteidigers verhindert, also Kämpfe bei denen nur, bzw. hauptsächlich der Verteidiger Armeen verliert. Allerdings verhält sich das andersherum genauso, also ein hoher Sieg ist ebenfalls unwahrscheinlicher. Diesen Sachverhalt kann man durch die Varianz bestätigen:

Var(X=3v2) $= E((X=3v2)^2)$ $- (E(X=3v2))^2$ $= 2^2*P(-2,0)$ $+ (-2)^2*P(0,-2)$ $- (-0,1582)^2$
                  $= 2,6572$ $- 0,025$ $\approx \mathbf{2,63}$

$$\text{Var(X=3v2/1)} = E((X=3v2/1)^2) - (E(X=3v2/1))^2$$
$$= 2^2*P(-2,0) \quad + 1^2*P(-1,0) \quad + (-1)^2*P(0,-1) \quad + (-2)^2*P(0,-2) \quad - (-0,0107)^2$$
$$= 1,7503 \qquad\qquad - 1,1449*10^{-3} \quad \approx 1,75$$

$$\text{Var(X=3v2)} \approx 2,63 > 1,75 \approx \text{Var(X=3v2/1)}$$

Daraus folgt, die Wahrscheinlichkeitsverteilung ist beim 3v2/1 mehr in die Mitte verschoben, was bei mehreren Angriffen hohe Siege und hohe Niederlagen auf beiden Seiten unwahrscheinlicher macht.

Die Regel, die dem Verteidiger die Möglichkeit der Entscheidung gibt, kann also als weiterer erfolgreicher Versuch gedeutet werden das Spiel, besonders den Angriff, noch ausgeglichener zu gestalten. Natürlich wird durch einen ausgeglichenen Angriff das Spiel auch berechenbarer, man kann sich überlegen, dass man zwar Verluste erleidet, aber der Sieg dennoch wahrscheinlich ist, wenn man mehr Armeen besitzt als der Gegner. Dabei muss man sich die Frage stellen welche Variante einem selbst am Attraktivsten erscheint. In einer älteren Version etwa lautete die Regel sowohl den Angreifer als auch den Verteidiger mit drei Würfeln werfen zu lassen. Man wird bei dieser Variante sehen, der Verteidiger hat deutliche Vorteile und der Angriff war nicht so ausgeglichen, wie es in den heutigen Versionen des Spiels der Fall ist.

3.3.2 Frühere Regel: 3v3

Der wesentliche Unterschied beim 3v3 ist die Betrachtung von allen drei Würfelergebnissen. Bisher war nur interessant wie wahrscheinlich die beiden höchsten Zahlen oder auch nur die höchste Zahl zustande kommt. Dafür gibt es eigentlich 6*6*6 = 216 Möglichkeiten, allerdings müssen wir das „Ziehen mit Zurücklegen ohne Betrachtung der Reihenfolge" verwenden, weil gleiche Augenzahlen zwar möglich sind, aber bei Vertauschung das gleiche Ergebnis bilden (6,6,5) = (6,5,6). Deswegen ergeben sich $\frac{(6+3-1)!}{3!(6-1)!} = 56$ unterschiedliche Möglichkeiten. Die Wahrscheinlichkeit jeder einzelnen Möglichkeit auszurechnen ist zwar notwendig, aber wichtiger sind die daraus resultierenden Erkenntnisse, weswegen diese hier im Vordergrund stehen sollen. Hat man nämlich die notwendigen Wahrscheinlichkeiten gegeben, ist es wieder möglich im Allgemeinen die Wahrscheinlichkeit für die Verluste der Armeen zu berechnen. Allerdings gibt es bei dieser Version des Spiels dann 4 mögliche Ausgänge nach einem Kampf. Nach dem gleichen Schema wie bereits am Anfang dieser Arbeit erwähnt, werden die Wahrscheinlichkeiten wie folgt berechnet:

$$P(-3,0) = \sum_{x,y,z=1}^{6} P(x,y,z) \cdot P(\geq x, \ \geq y, \ \geq z) = 38,27\%$$

$$P(-2,-1) = \sum_{x,y,z=1}^{6} P(x,y,z) \cdot P(\geq x, \ \geq y, \quad < z) + \sum_{x,y,z=1}^{6} P(x,y,z) \cdot P(\geq x, \ < y, \quad \geq z)$$
$$+ \sum_{x,y,z=1}^{6} P(x,y,z) \cdot P(< x, \ \geq y, \quad \geq z) = 26,50\%$$

$$P(-2,-1) = \sum_{x,y,z=1}^{6} P(x,y,z) \cdot P(\geq x, \; < y, \quad < z) + \sum_{x,y,z=1}^{6} P(x,y,z) \cdot P(< x, \; < y, \quad \geq z)$$

$$+ \sum_{x,y,z=1}^{6} P(x,y,z) \cdot P(< x, \; \geq y, \quad < z) = 21,47\%$$

$$P(0,-3) = \sum_{x,y,z=1}^{6} P(x,y,z) \cdot P(< x, \; < y, \; < z) = 13,76\%$$

Der Erwartungswert (aus der Sicht des Verteidigers) macht dann deutlich, was die Wahrscheinlichkeiten vermuten lassen: Der Verteidiger ist im Vorteil.

$E(X=3v3)$	$= 3*P(-3,0)$	$+ 1*P(-2,-1)$	$+ (-1)*P(-1,-2)$	$+ (-3)*P(0,-3)$	
	$= 3*0,3827$	$+ 0,2650$	$- 0,2147$	$- 3*0,1376$	$= 0,7856$

Im Gegensatz zu den leicht negativen Werten der neueren Versionen, entsteht hier ein deutlich positiver Wert. Der Verteidiger hat bei einem Kampf zwischen gleich vielen (aber mindestens 3) Armeen also einen deutlichen Vorteil, was ein Land zu erobern erheblich erschwert. Man kann deswegen davon ausgehen, dass die früheren Spiele länger gedauert haben, als es in den heutigen Varianten der Fall ist.

Erstellt man ein Diagramm zum Vergleich der Wahrscheinlichkeitsverteilung von 3v2 und 3v3 nach 12 verlorenen Einheiten auf, so wird der Unterschied anschaulich.

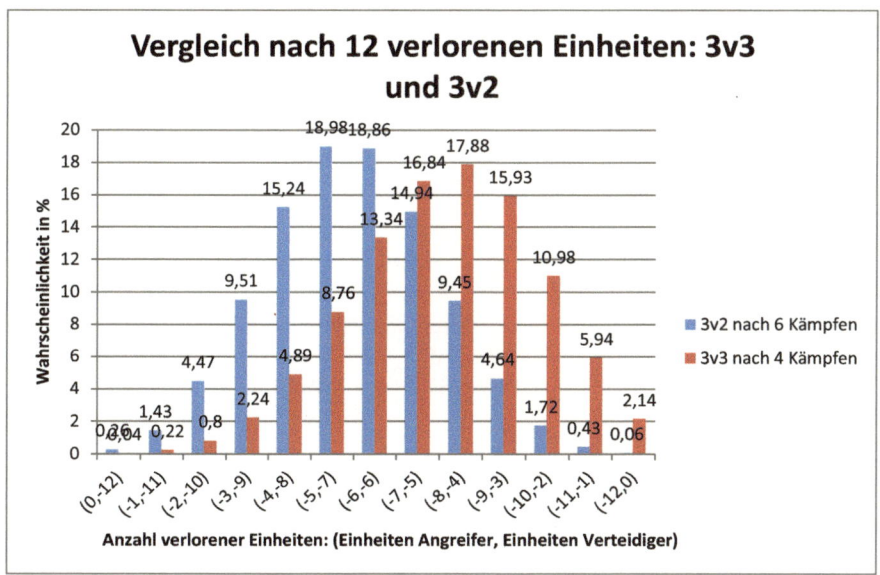

Abbildung 6: Vergleich nach 12 verlorenen Einheiten: 3v3 und 3v2

Die roten Balken (3v3) sind deutlich nach rechts, also zu Gunsten des Verteidigers verschoben. Man muss allerdings beachten, dass diese Wahrscheinlichkeiten erst in Kraft treten, wenn mindestens 3 Armeen des Verteidigers das Land besetzen. Daher ist die Verteilung vor allem für spätere bzw. größere Kämpfe anwendbar.

Es gibt viele verschiedene Möglichkeiten neue Varianten einzuführen. Das Spiel Risiko hat bereits einige davon verwendet und bietet dem Spieler gute Möglichkeiten an eine Version nach eigenem Ermessen auszuwählen.

4 Exkurs: Länderverteilung

Nun soll auch noch die Länderverteilung zu Beginn des Spiels betrachtet werden. Der Spielplan ist in 6 Kontinente und 42 Länder aufgeteilt.

Dabei sieht die Verteilung der Länder auf die einzelnen Kontinente folgendermaßen aus:

Australien: 4

Südamerika: 4

Afrika: 6

Europa: 7

Nordamerika: 9

Asien: 12

Hierbei ist besonders interessant wie hoch die Wahrscheinlichkeit ist, bereits zu Beginn des Spiels, einen kompletten Kontinent zu erhalten?

Hierzu wird davon ausgegangen, dass am Spiel zunächst nur 3 Personen teilnehmen. Somit erhält jeder Spieler 14 Länder von den 42 zur Verfügung stehenden. Dabei besteht wiederum die Möglichkeit 6 verschiedene Kontinente zu besetzen.

$$\frac{\binom{4}{4}\cdot\binom{38}{10}+\binom{4}{4}\cdot\binom{38}{10}+\binom{6}{6}\cdot\binom{36}{8}+\binom{7}{7}\cdot\binom{35}{7}+\binom{9}{9}\cdot\binom{33}{5}+\binom{12}{12}\cdot\binom{30}{2}}{\binom{42}{14}} = 0,01859034 \approx 1,86\%$$

Die Wahrscheinlichkeiten für die einzelnen Kontinente ergeben sich wie folgt:

Südamerika, Australien: $\frac{\binom{4}{4}\cdot\binom{38}{10}}{\binom{42}{14}} = 0,008943089431 \approx 0,894\%$

Afrika: $\frac{\binom{6}{6}\cdot\binom{36}{8}}{\binom{42}{14}} = 0,0005724594942\% \approx 0,057\%$

Europa: $\frac{\binom{7}{7}\cdot\binom{35}{7}}{\binom{42}{14}} = 0,0001272132209 \approx 0,013\%$

Nordamerika: $\frac{\binom{9}{9}\cdot\binom{33}{5}}{\binom{42}{14}} = 0,000004489878386 \approx 0,0004\%$

Asien: $\frac{\binom{12}{12}\cdot\binom{30}{2}}{\binom{42}{14}} = 0,00000000822924924 \approx 0,0000008\%$

Es ist deutlich zu erkennen, dass die Wahrscheinlichkeit Südamerika oder Australien zu Beginn des Spieles zu besitzen beinahe die Gesamtwahrscheinlichkeit von 1,86% ausmacht.

Anzumerken ist noch, dass Australien im Vergleich zu Südamerika einfacher zu halten ist. Das liegt daran, dass Australien nur einen Zugang zu einem anderen Kontinent hat und Südamerika zwei.

Abbildung 7: Ausschnitte des Spielplans

5   Spielstrategie

Ist es nun also abschließend möglich eine gewinnversprechende Spielstrategie zu finden?

Dies ist für das Spiel „Risiko" nicht oder nur schwer möglich, da das entscheidende Element des Spiels das Würfeln ist. Dieses kann bei einem fairen Spiel nicht beeinflusst werden. Es können nur Gewinnwahrscheinlichkeiten, wie in den vorangegangenen Kapiteln diskutiert wurde, bestimmt werden. Es ist somit möglich, anhand vom Verhältnis zwischen Angreifern und Verteidigern zu entscheiden, ob ein Angriff erfolgsversprechend ist oder nicht. Hierfür wurde ein Programm in C++ programmiert, welches uns für beliebige Angreifer-Verteidiger-Verhältnisse, die Gewinnwahrscheinlichkeit für einen Sieg des Angreifers bei n Simulationen berechnet.

Der Quelltext lautet wie folgt:

```
(1)      #include <iostream>
(2)      #include <cmath>
(3)      #include <cstdlib>
(4)      using namespace std;
```

```
(5)      int simulation(intanz_a, intanz_v);

(6)      intmain(void)
(7)      {
(8)      intanz_a=5, anz_v=10;
(9)      int i, siege=0;
(10)     intanz_durchl=1000000;
(11)     double ws;
(12)     for(i=0;i<anz_durchl;i++)
(13)     siege+=simulation(anz_a,anz_v);
(14)     ws=(double)siege/anz_durchl;

(15)     cout<< "Wahrscheinlichkeit fuer Sieg: " <<ws<<endl;
(16)     return 0;
(17)     }

(18)     int simulation(intanz_a, intanz_v)
(19)     {
(20)     inti,temp;
(21)     int a1, a2, a3;
(22)     int v1, v2;
(23)     int weiter=1;

(24)     while (weiter==1)
(25)     {
(26)     a1=(rand() % 6) + 1;
(27)     a2=(rand() % 6) + 1;
(28)     a3=(rand() % 6) + 1;
(29)     v1=(rand() % 6) + 1;
(30)     v2=(rand() % 6) + 1;

(31)     if (anz_a>3)
(32)     if (a2<a3)
(33)     { temp=a2;
(34)     a2=a3;
(35)     a3=temp;
(36)     }

(37)     if (anz_a>2)
(38)     if (a1<a2)
(39)     { temp=a1;
(40)     a1=a2;
(41)     a2=temp;
(42)     }
```

```
(43)    if (anz_a>3)
(44)    if (a2<a3)
(45)    { temp=a2;
(46)    a2=a3;
(47)    a3=temp;
(48)    }

(49)    if (anz_v>1)
(50)    if (v1<v2)
(51)    { temp=v1;
(52)    v1=v2;
(53)    v2=temp;
(54)    }

(55)    if (a1>v1)
(56)    anz_v--;
(57)    else
(58)    anz_a--;

(59)    if(anz_a>2)
(60)    if (a2>v2)
(61)    anz_v--;
(62)    else
(63)    anz_a--;

(64)    if (anz_v<1 || anz_a<2) weiter=0;
(65)    }
(66)    if (anz_v<1) return 1; else return 0;
(67)    }
```

Hierzu nun noch einige Erläuterungen mit Beispielen:

Beginnen wir in Zeile 24. Hier wird zunächst eine Schleife programmiert, die so lange immer wieder von vorne beginnt, so lange weiter==1 ist.

Betrachten wir diese Schleife nun genauer. In den Zeilen 26-30 wird das Würfeln für den Angreifer a1-a3 und den Verteidiger v1-v2 simuliert. Für (rand()%6) erhalten wir Zahlenwerte zwischen 0 und 5. Da diese Würfe gleichverteilt sind, können wir noch +1 anfügen, (rand() % 6) + 1, um Zahlenwerte zwischen 1 und 6 zu erhalten.

```
(26)    a1=(rand() % 6) + 1;
(27)    a2=(rand() % 6) + 1;
(28)    a3=(rand() % 6) + 1;
(29)    v1=(rand() % 6) + 1;
(30)    v2=(rand() % 6) + 1;
```

Nachdem gewürfelt wurde, müssen die Würfel nun noch geordnet werden. In den Zeilen 31-48 geschieht das für die Würfel des Angreifers.

Angenommen der Angreifer hat nachfolgendes Wurfergebnis:

a1   a2   a3

Ziel ist vorerst, dass der Würfel mit der höchsten Zahl auf a1 liegt, der mit der niedrigsten auf a3. Solange die Anzahl der Angreifer größer als 3 ist, wobei dabei immer der Angreifer, der im Land bleiben muss mitgezählt wird, wird a2 mit a3 verglichen. Falls dabei gilt a2<a3 werden a2 und a3 miteinander vertauscht. Falls die Anzahl der Angreifer 3 ist, werden die Zeilen 31-36 übersprungen, da sonst das Ergebnis verfälscht werden würde.

Nach Zeile 36 sieht die Würfelreihenfolge also so aus:

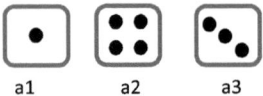

a1   a2   a3

Falls nun die Zahl des Angreifers größer als 2 ist, wird weiter a1 mit a2 verglichen und wieder, falls a1<a2 ist, a1 mit a2 vertauscht. Das geschieht in den Zeilen 37-42.

Im gewählten Beispiel wirkt sich das so aus:

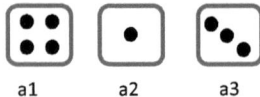

a1   a2   a3

In den Zeilen 43 bis 48 wird noch einmal a2 mit a3 verglichen. Falls a2<a3 werden beide miteinander vertauscht.

a1   a2   a3

Nach dem gleichen Prinzip werden die Zufallswürfe des Verteidigers verglichen. Jedoch müssen hier nur 2 Würfel miteinander verglichen und der Größe nach absteigend geordnet werden. Die Befehle hierfür stehen in den Zeilen 49-54, vorausgesetzt die Anzahl der Verteidiger ist größer 1.

Angenommen der Verteidiger hat nachfolgendes Wurfergebnis:

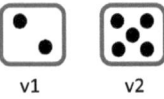

v1   v2

Nachdem die Würfel geordnet wurden, sieht das Ergebnis so aus:

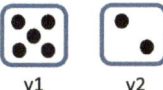

v1   v2

Nach dem Ordnen kann jetzt verglichen werden. In Zeile 55-58 wird a1 mit v1 verglichen. Wenn a1>v1 gilt, dann wird die Anzahl der Verteidiger um 1 verringert, andernfalls wird die Anzahl der Angreifer um 1 verringert. In unserem Beispiel ist a1<v1 (4<5) und dadurch verliert der Angreifer eine Einheit. Falls nun die Anzahl der Angreifer noch größer 2 ist, wird auch a2 mit v2 verglichen. Wiederum verringert sich die Anzahl der Verteidiger um 1, falls a2>v2, andernfalls wird die Anzahl der Angreifer um 1 verringert. Dafür sind die Zeilen 59-63 zuständig. In unserem Beispiel ist a2>v2 (3>2), somit verliert der Verteidiger eine Einheit.

Die Schleife endet, wenn weiter=0 gilt. Das ist der Fall, falls die Anzahl der Verteidiger kleiner 1 oder die Anzahl der Angreifer kleiner 2 ist (Zeile 64-65).

Falls die Schleife endet, da die Anzahl der Verteidiger kleiner ist 1, wird ein Sieg (1) für den Angreifer gezählt, ansonsten wird 0 addiert. Dieser Befehl steht in Zeile 66-67.

In Zeile 9 wird dann die Wahrscheinlichkeit eines Sieges für den Angreifer berechnet, indem die Anzahl der Siege durch die Anzahl der Durchläufe dividiert wird.

In Zeile 3 kann sowohl die Anzahl der Angreifer, als auch die der Verteidiger variiert werden; in Zeile 5 die Anzahl der Durchläufe.

Für ein maximales Verhältnis von 10 Angreifern zu 10 Verteidigern wurden mithilfe des Programms die Gewinnchancen berechnet und in eine Tabelle eingetragen:

V/A	1	2	3	4	5	6	7	8	9	10
1	41,67%	75,43%	87,08%	94,56%	97,12%	98,79%	99,37%	99,73%	99,85%	99,94%
2	10,60%	35,97%	65,69%	76,96%	88,11%	92,29%	96,14%	97,53%	98,77%	99,23%
3	2,71%	20,52%	45,25%	63,16%	75,16%	84,79%	89,90%	94,12%	96,17%	97,86%
4	0,69%	9,05%	31,48%	46,38%	63,21%	73,12%	82,70%	87,83%	92,53%	94,88%
5	0,17%	4,88%	19,88%	35,45%	49,32%	63,10%	72,43%	81,22%	86,42%	91,19%
6	0,05%	2,14%	13,34%	24,50%	39,23%	50,86%	63,42%	71,83%	80,23%	85,32%
7	0,01%	1,13%	8,07%	17,97%	28,93%	41,83%	52,42%	63,69%	71,59%	79,48%
8	0,01%	0,48%	5,34%	11,97%	22,18%	32,12%	44,06%	53,69%	64,04%	71,41%
9	0,00%	0,26%	3,16%	8,50%	15,68%	25,45%	34,81%	45,91%	54,83%	64,51%
10	0,00%	0,12%	2,05%	5,51%	11,69%	18,79%	28,34%	37,18%	47,55%	55,84%

Abbildung 8: Gewinnchancen für den Angreifer

Ab dem hellgrünen Bereich der Tabelle ist es durchaus anzuraten einen Angriff zu wagen, da man dem Verteidiger zumindest statistisch überlegen ist. Aber ab dem dunkelgrünen Bereich sollte man in jedem Fall angreifen, da ein Sieg beinahe garantiert ist. Bei einem Verteidiger-Angreifer-Verhältnis im gelben Bereich sollte man sein Glück wohl eher nicht herausfordern.

BEI GRIN MACHT SICH IHR WISSEN BEZAHLT

- Wir veröffentlichen Ihre Hausarbeit, Bachelor- und Masterarbeit

- Ihr eigenes eBook und Buch - weltweit in allen wichtigen Shops

- Verdienen Sie an jedem Verkauf

Jetzt bei www.GRIN.com hochladen und kostenlos publizieren